DEUTSCHE AKADEMIE DER WISSENSCHAFTEN ZU BERLIN

Veröffentlichungen der Sternwarte in Sonneberg

Band 6 · Heft 2

CUNO HOFFMEISTER

Veränderliche Sterne im Feld ι Microscopii

Akademie-Verlag · Berlin 1963

Cuno Hoffmeister

Veränderliche Sterne im Feld ι Microscopii

Veröffentlichungen der Sternwarte in Sonneberg · Band 6 · Heft 2

DEUTSCHE AKADEMIE DER WISSENSCHAFTEN ZU BERLIN

Veröffentlichungen der Sternwarte in Sonneberg

Band 6 · Heft 2

CUNO HOFFMEISTER

Veränderliche Sterne im Feld ι Microscopii

Akademie-Verlag · Berlin 1963

Erschienen im Akademie-Verlag GmbH, Berlin W 8, Leipziger Straße 3—4

Lizenznummer: 202 · 100/494/63
Gesamtherstellung: VEB Druckerei „Thomas Müntzer" Bad Langensalza
Bestellnummer: 2006/VI/2 · ES 18 D 4 · Preis: DM 5,50

Der Nachweis einer extragalaktischen absorbierenden Wolke im Sternbild Microscopium stützt sich an erster Stelle auf den Umstand, daß in dem Bereich, der ein erhebliches Defizit an Galaxien aufweist, die RR Lyrae-Sterne des Galaktischen Halos in normaler Anzahl vorhanden sind. Es muß daher aufgezeigt werden, daß die veränderlichen Sterne jener Gegend zum Teil RR Lyrae-Sterne sind und daß ihre Anzahl je Quadratgrad im Bereich der Wolke an der Sphäre nicht geringer ist als außerhalb. Die Diskussion des Befundes geschieht in den Astronomischen Nachrichten. Die vorliegende Veröffentlichung enthält die Einzelheiten über die Sterne, insbesondere die Unterlagen für die Bestimmung der Elemente des Lichtwechsels.

Wie die Koordinaten in der tabellarischen Übersicht der Ergebnisse erkennen lassen, ist das Feld nicht quadratisch, sondern hat die Ausdehnung $\Delta\alpha \cos\delta = 12{\overset{\circ}{.}}1$, $\Delta\delta = 10{\overset{\circ}{.}}2$. Es kommt dies daher, daß die Mitten der Platten, die meist etwa 2° nördlich von ι Mic liegen, nicht genau übereinstimmen. Bearbeitet sind 93 Sterne, und zwar die 88 neuen Veränderlichen des Feldes ι Mic gemäß der Liste in Veröffentl. Sonneberg Band 6, Nr. 1, 2 Veränderliche der Liste des Feldes ι Sgr in einem schmalen übergreifenden Streifen (S 7355 Sgr, S 7356 Sgr) und 3 unbenannte Veränderliche älteren Datums (329.1933 Mic, 602.1935 Sgr, beide entdeckt von Luyten, S 5111 Mic, entdeckt von Hoffmeister). Die Platten habe ich während meines sechsmonatigen Aufenthalts am Boyden Observatory bei Bloemfontein, Südafrik. Republik, im Jahre 1959 aufgenommen.

Die beobachterischen Grundlagen der Bearbeitung sind wenig umfangreich. Es liegen vor:

14 Platten an 14 Tagen 243 6678—6818, 10 inch Metcalf-Camera,

20 Platten an 5 Tagen 6807—6840 8 inch Bache-Camera.

Von der ersten Reihe wurden 7, von der zweiten 4 Plattenpaare verglichen. Weitere erfolgversprechende Paarungen waren nicht möglich.

Die zweite Reihe umfaßt 1 Nacht mit 1 Platte, 1 Nacht mit 3 Platten, 2 Nächte mit 5 Platten, 1 Nacht mit 6 Platten. Nur auf Grund dieser Reihen, insbesondere des Verhaltens der Objekte in aufeinanderfolgenden Nächten, ist es möglich gewesen, für die Mehrzahl der kurzperiodischen Veränderlichen die Perioden zu bestimmen. Da die Beobachtungen im Extremfall 162 Tage überdecken, kann die Genauigkeit der Periodenbestimmung nicht groß sein. Für den angestrebten Zweck ist dies ohne Bedeutung. Für alle raschwechselnden Sterne wurden die Lichtkurven gezeichnet, und wo etwa Zweifel an der Richtigkeit des Periodenwertes oder der Epochenzählung entstanden, ist dies bei den Ergebnissen vermerkt. Bei einigen Objekten am Ostrand des Feldes ist die Anzahl der Beobachtungen so gering, daß praktisch nichts ermittelt werden konnte; aber diese Sterne stehen außerhalb der Grenzen des statistisch untersuchten Bereichs.

Die Anordnung des Materials entspricht der bei der Veröffentlichung der Ergebnisse des Felderplans üblich gewordenen. Ein Stern hinter der Epoche bedeutet ein gutes, ein Doppelpunkt ein unsicheres Maximum oder Minimum.

Für wirksame Hilfe bei der Bearbeitung danke ich Frl. Marianne Eichhorn und Frau Hanna Lehnhausen.

Name	1875.0	1875.0	Art	Epoche 243 . . .	Periode	Max.	Min.
S 6736 Sgr	$20^h15^m27^s$	—45°14'.7	RRb	M 6807.345	0.53193	$14^m_.2$	$15^m_.0$
602.1935 Sgr	20 15 50	—41 15.9	RRa	M 6807.418	0.5517	13.5	14.8
S 7355 Sgr	20 16 43	—43 19.1	RRb	M 6730.425	0.414936	14.4	15.0
S 6737 Sgr	20 17 40	—43 51.9	RRa	M 6807.379	0.5562	12.8	14.3
S 6738 Sgr	20 17 43	—44 5.0	UG	— —	—	14.7	[16.7
S 6739 Sgr	20 17 50	—41 53.2	RRa	M 6807.354	0.5275	12.6	13.8
S 7356 Sgr	20 17 57	—45 27.6	RRa	M 6725.476	0.492822	13.5	14.6
S 6740 Sgr	20 18 42	—41 4.7	RRa	M 6807.417	0.48987	11.9	13.2
S 6741 Sgr	20 19 15	—40 37.8	RRa	M 6807.470	0.5162	14.1	15.3
S 6742 Sgr	20 19 39	—43 0.3	RRa	M 6807.234	0.47914	12.5	13.8
S 6743 Mic	20 20 46	—43 9.2	RR	— —	—	14.3	15.3
S 6744 Mic	20 21 8	—42 48.6	RRa	M 6807.242	0.58369	14.0	15.4
S 6745 Mic	20 21 27	—40 14.0	RR	M 6789.358	0.51634	14.9	15.8
S 6746 Mic	20 21 46	—44 23.4	RRa	M 6807.250	0.60519	13.4	14.5
S 6747 Ind	20 21 57	—46 27.2	RRb	M 6789.344	0.3252	13.2	13.8
329.1933 Mic	20 22 46	—40 14.5	L	— —	—	11.4	12.5
S 6748 Mic	20 23 38	—42 44.8	mP?	— —	—	12.4	14.4
S 6749 Ind	20 24 30	—45 51.6	UG	— —	—	12.9	16.5
S 6750 Mic	20 24 54	—39 12.2	RRa	M 6778.353	0.67696	12.7	13.3
S 6751 Ind	20 24 58	—46 37.6	RRa	M 6807.304	0.58451	12.5	14.1
S 6752 Mic	20 26 51	—40 27.3	RRa	M 6807.417	0.4805	13.8	15.2
S 6753 Mic	20 28 39	—39 37.7	BV	— —	—	13.4	14.0
S 6754 Mic	20 28 39	—45 11.9	RRa	M 6808.468	0.672435	12.4	13.6
S 6755 Mic	20 28 46	—43 49.5	RRb	M 6789.394	0.255436	15.2	15.8
S 5111 Mic	20 29 14	—38 56.6	β	m 6807.302	2.0762	11.7	12.6
S 6756 Mic	20 30 32	—42 29.6	RR	— —	—	14.5	15.1
S 6757 Mic	20 31 30	—39 14.0	U?	— —	—	12.2	12.5
S 6758 Mic	20 32 15	—41 12.6	RRc	M 6729.523	0.41247	15.0	15.4
S 6759 Ind	20 32 18	—46 58.3	RRa	M 6724.429	0.473024	14.1	15.7
S 6760 Mic	20 32 27	—44 6.8	RRa	M 6728.465	0.540097	13.2	14.1
S 6761 Mic	20 32 37	—41 0.1	BV?	— —	—	14.8	15.5
S 6762 Mic	20 32 44	—43 29.6	RRa	M 6731.537	0.458595	12.8	13.9
S 6763 Mic	20 32 59	—39 34.6	RRb	M 6728.471	0.342707	11.7	12.5
S 6764 Ind	20 33 6	—47 32.6	RRb	M 6678.595	0.615986	11.8	13.2
S 6765 Mic	20 33 8	—44 44.6	RRa	M 6728.469	0.473644	12.6	13.8
S 6766 Ind	20 33 22	—47 30.4	A	— —	—	13.5	14.7
S 6767 Ind	20 33 47	—46 33.5	RRb,c	M 6729.501	0.295504	14.2	14.8
S 6768 Mic	20 34 30	—40 40.1	mP	— —	—	14.3	15.4
S 6769 Mic	20 34 58	—42 23.9	RRb	M 6818.291	0.53693	15.3	15.9
S 6770 Ind	20 35 52	—46 43.0	RR	— —	—	13.1	14.1
S 6771 Ind	20 35 53	—46 8.5	RR	— —	—	14.9	16.4
S 6772 Mic	20 36 46	—39 6.6	RWs	— —	—	13.5	14.6

Name	1875.0	1875.0	Art	Epoche 243 . . .	Periode	Max.	Min.
S 6773 Mic	20h36m58s	−39°25′.3	W	m 6724.251	0.440964	11m.9	12m.35
S 6774 Mic	20 37 24	−42 44.7	RRb	M 6732.468	0.550036	14.2	14.9
S 6775 Mic	20 37 57	−43 34.2	RRa,b	M 6807.248	0.35620	12.8	13.4
S 6776 Mic	20 38 18	−45 24.9	RRa	M 6731.516	0.573368	13.3	14.3
S 6777 Ind	20 39 58	−46 52.0	RRb	M 6731.535	0.362853	14.2	14.9
S 6778 Ind	20 40 56	−46 2.9	RRc	M 6678.611	0.354792	14.1	14.9
S 6779 Mic	20 41 53	−43 17.8	RRa	M 6728.463	0.47435	14.3	15.2
S 6780 Ind	20 41 54	−46 0.9	RRa	M 6778.328	0.443336	15.9	17.1
S 6781 Ind	20 41 57	−47 14.4	RW	— —	—	14.4	16.1
S 6782 Mic	20 42 18	−44 7.4	RRb	M 6728.490	0.484242	13.9	14.4
S 6783 Mic	20 42 27	−41 26.2	RRa,b	M 6724.461	0.57908	13.4	14.5
S 6784 Ind	20 42 43	−46 35.6	RRb	M 6728.452	0.576572	15.2	15.9
S 6785 Mic	20 43 41	−41 14.7	BV	— —	—	11.7	12.2
S 6786 Mic	20 46 11	−43 21.1	RRa	M 6732.390	0.338120	13.1	14.0
S 6787 Mic	20 46 36	−40 16.0	BV	— —	—	12.4	12.8
S 6788 Mic	20 46 48	−43 49.7	A	— —	—	12.9	14.4
S 6789 Mic	20 48 9	−39 26.7	RRa	M 6808.324	0.66252	15.1	16.3
S 6790 Mic	20 49 51	−45 5.9	L	— —	—	13.2	15.7
S 6791 Mic	20 50 50	−39 25.0	RRa	M 6731.480	0.449208	11.5	12.7
S 6792 Mic	20 51 44	−42 19.7	RRa	M 6789.356	0.54576	13.7	14.6
S 6793 Mic	20 51 55	−41 3.3	RRb	M 6729.477	0.32383	12.6	13.5
S 6794 Mic	20 52 37	−39 39.4	RRa	M 6728.485	0.48588	12.3	13.5
S 6795 Mic	20 52 55	−45 27.6	RRb,c	M 6678.641	0.353207	13.9	14.5
S 6796 Mic	20 53 27	−43 9.4	RRb	M 6730.547	0.461391	14.2	14.8
S 6797 Mic	20 53 38	−39 27.9	RRa	M 6724.430	0.671012	13.5	15.1
S 6798 Mic	20 53 43	−41 16.5	RRa,b	M 6728.470	0.324142	13.4	14.5
S 6799 Mic	20 54 17	−45 8.2	A	— —	—	15.2	17.2
S 6800 Mic	20 55 39	−43 17.5	RR	— —	—	15.7	16.8
S 6801 Ind	20 56 42	−47 1.9	RR	— —	—	15.1	16.2
S 6802 Mic	20 56 51	−41 2.8	W	m 6724.479	0.38968	13.2	13.6
S 6803 Mic	20 59 20	−44 31.1	A	— —	—	14.8	15.8
S 6804 Mic	21 0 0	−39 57.6	RRb	M 6724.461	0.232034	13.8	14.6
S 6805 Ind	21 0 45	−47 16.0	U	— —	—	9.1	9.4
S 6806 Ind	21 1 28	−47 59.2	RRa	M 6729.515	0.59183	13.8	15.3
S 6807 Mic	21 1 51	−40 20.0	Flare	— —	—	11.7	16.2
S 6808 Mic	21 1 57	−45 15.9	RRb	M 6728.440	0.309612	14.2	15.7
S 6809 Mic	21 3 12	−42 18.8	RR	— —	—	15.5	16.6
S 6810 Mic	21 3 26	−42 33:2	RRa	M 6678.629	0.326368	12.2	13.5
S 6811 Mic	21 3 57	−44 31.8	RRa	M 6789.344	0.639462	14.4	15.6
S 6812 Mic	21 5 8	−43 0.0	RRc	M 6728.475	0.46543	14.7	15.4
S 6813 Mic	21 5 29	−43 0.3	RR	— —	—	15.6	16.7
S 6814 Mic	21 5 45	−41 34.5	RR	— —	—	15.2	16.3
S 6815 Ind	21 6 3	−45 58.5	RR	— —	—	14.2	14.8
S 6816 Ind	21 8 41	−46 30.6	A ?	— —	—	16.4	16.9
S 6817 Ind	21 9 19	−46 16.0	BV ?	— —	—	16.4	16.7
S 6818 Mic	21 10 10	−42 44.7	RRa	M 6724.437	0.38153	13.8	14.8
S 6819 Ind	21 12 59	−47 15.5	RRa	M 6724.471	0.57205	14.2	14.9
S 6820 Mic	21 13 22	−42 21.2	L ?	— —	—	13.2	14.5
S 6821 Mic	21 13 59	−43 17.4	U	— —	—	11.5	12.1
S 6822 Mic	21 15 40	−40 21.1	K	— —	—	13.7	15.0
S 6823 Mic	21 17 17	−42 8.7	K	— —	—	15.1	15.7

S 6736 Sgr RR Lyrae-Art; $14^{m}_{.}2$—$15^{m}_{.}0$

$M = 243\,6807.345 + 0.53193 \cdot E$

$M{-}m = 0^{d}_{.}13$ Typus RRb

Max.	E	$B{-}R$
243 6807.345	0	0.000
6808.410	2	+0.001
6839.260	60	—0.001
6840.325	62	0.000

Die auf den Reihenplatten dargestellten Kurventeile sprechen eher für die kürzere Periode 0.35462, doch führt diese zu Widersprüchen. Indessen sind die Beobachtungen unsicher wegen Randnähe.

602.1935 Sgr RR Lyrae-Art; $13^{m}_{.}5$—$14^{m}_{.}8$

$M = 243\,6807.418 + 0.5517 \cdot E$

$M{-}m = 0^{d}_{.}07$ Typus RRa

Max.	E	$B{-}R$
243 6807.420*	0	+0.002
6808.520*	2	—0.001
6839.416*	58	—0.001

Der Stern ist nur auf den Reihenplatten enthalten.

S 7355 Sgr RR Lyrae-Art; $14^{m}_{.}4$—$15^{m}_{.}0$

$M = 243\,6730.425 + 0.414936 \cdot E$

$M{-}m = 0^{d}_{.}125$ Typus RRb

Max.	E	$B{-}R$
243 6730.395	0	—0.030
6779.404	118	+0.017
6807.200:	185	+0.012
6808.452	188	+0.019
6833.329	248	0.000
6839.100:	262	—0.038
6840.380	265	—0.003

S 6737 Sgr RR Lyrae-Stern; $12^{m}_{.}8$—$14^{m}_{.}3$

$M = 243\,6807.379 + 0.5562 \cdot E$

$M{-}m = 0^{d}_{.}08$ Typus RRa

Max.	E	$B{-}R$
243 6807.379*	0	0.000
6808.499	2	+0.008
6840.195	59	0.000

S 6738 Sgr U Geminorum-Stern; $14^{m}_{.}7$—[$16^{m}_{.}7$

Zu folgenden Zeiten ist der Stern erhellt beobachtet: 243 6789 $16^{m}_{.}3$, 6839 $14^{m}_{.}7$ (5 Platten), 6840 $14^{m}_{.}7$ (3 Platten). Zwei Beobachtungen 6807 $16^{m}_{.}8$: und 6817 $16^{m}_{.}7$ könnten nahe beim Normallicht liegen.

S 6739 Sgr

RR Lyrae-Art; $12^m.6$—$13^m.8$
$M = 243\,6807.354 + 0.5275 \cdot E$
$M—m = 0^d.075$ Typus RRa

Max.	E	$B—R$
243 6807.354*	0	0.000
6808.410*	2	+0.001

Zur Bestimmung der Periode wurden die Beobachtungen, die den Stern im schwachen Licht zeigen, benutzt.

S 7356 Sgr

RR Lyrae-Art; $13^m.5$—$14^m.6$
$M = 243\,6725.476 + 0.492822 \cdot E$
$M—m = 0^d.09$ Typus RRa

Max.	E	$B—R$
243 6725.479	0	+0.003
6730.395	10	—0.009
6731.390	12	0.000
6807.293	166	+0.009
6808.270	168	0.000
6810.242	172	+0.001
6839.302	231	—0.016

S 6740 Sgr

RR Lyrae-Art; $11^m.9$—$13^m.2$
$M = 243\,6807.417 + 0.48987 \cdot E$
$M—m = 0^d.085$ Typus RRa

Max.	E	$B—R$
243 6807.420*	0	+0.003
6808.393*	2	—0.004
6817.264:	20	+0.050
6839.262*	65	+0.003
6840.230	67	—0.008

S 6741 Sgr

RR Lyrae-Art; $14^m.1$—$15^m.3$
$M = 243\,6807.470 + 0.5162 \cdot E$
$M—m = 0^d.075$ Typus RRa

Max.	E	$B—R$
243 6807.460	0	—0.010
6808.500	2	—0.002
6817.284	19	+0.006
6833.280:	50	0.000

Die Fehlerverteilung nimmt Rücksicht auf eine weiter zurückliegende Beobachtung.

S 6742 Sgr

RR Lyrae-Art; $12^m.5$—$13^m.8$
$M = 243\,6807.234 + 0.47914 \cdot E$
$M—m = 0^d.04$ Typus RRa

Max.	E	$B—R$
243 6807.240*	0	+0.006
6817.284	21	—0.012
6839.330*	67	—0.006
6840.301*	69	+0.006

S 6743 **Mic** RR Lyrae-Art; $14^{m}_{.}3$—$15^{m}_{.}3$

Der Periodenwert liegt wahrscheinlich bei $0^{d}_{.}4$. Wegen Randnähe sind die Beobachtungen unsicher. Maxima: 243 6778.354, 6808.324.

S 6744 **Mic** RR Lyrae-Art; $14^{m}_{.}0$—$15^{m}_{.}4$

$M = 243\,6807.242 + 0.58369 \cdot E$

$M—m = 0^{d}_{.}105$ Typus RRa

Max.	E	$B—R$
243 6807.240	0	—0.002
6808.410*	2	+0.001
6839.345*	55	0.000

S 6745 **Mic** RR Lyrae-Stern; $14^{m}_{.}9$—$15^{m}_{.}8$

$M = 243\,6789.358 + 0.51634 \cdot E$

Max.	E	$B—R$
243 6789.362	0	+0.004
6807.430	35	0.000
6808.452	37	—0.011
6840.480:	99	+0.004

Der Stern ist randnah und nicht auf allen Platten enthalten. Die Periode ist nicht gesichert, obgleich sie den Beobachtungen genügt.

S 6746 **Mic** RR Lyrae-Stern; $13^{m}_{.}4$—$14^{m}_{.}5$

$M = 243\,6807.250 + 0.60519 \cdot E$

$M—m = 0^{d}_{.}12$ Typus RRa

Max.	E	$B—R$
243 6807.230	0	—0.020
6808.480	2	+0.020
6833.280:	43	+0.007
6835.325	53	0.000

S 6747 **Ind** RR Lyrae-Art; $13^{m}_{.}2$—$13^{m}_{.}8$

$M = 243\,6789.344 + 0.3252 \cdot E$

$M—m = 0^{d}_{.}065$ Typus RRb

Max.	E	$B—R$
243 6789.362	0	+0.018
6807.230	55	0.000
6808.510	59	—0.021
6839.420	154	—0.005
6840.410	157	+0.010

329.1933 Mic Langperiodisch; $11^{\mathrm{m}}.4$—$12^{\mathrm{m}}.5$

Der von LUYTEN entdeckte Veränderliche ist offenbar langperiodisch. Beobachtet ist ein Aufstieg um 1 Größenklasse zwischen 243 6808 und 6833. Das Maximum könnte bei 6840 liegen. Es stehen nur wenige Beobachtungen zur Verfügung.

S 6748 Mic Mittellange Periode? $12^{\mathrm{m}}.4$—$14^{\mathrm{m}}.4$

Die wenigen und über eine zu kurze Zeit verteilten Beobachtungen erlauben keine Entscheidung über den Typus. Von 243 6808 $14^{\mathrm{m}}.1$ nach 6817 $12^{\mathrm{m}}.4$ ist ein steiler Aufstieg beobachtet, nachdem der Stern seit 6778 schwach gewesen war, danach ein langsamer Abfall auf $12^{\mathrm{m}}.6$ bis 6840.

S 6749 Ind U Geminorum-Stern; $12^{\mathrm{m}}.9$—$16^{\mathrm{m}}.5$

Folgende Beobachtungen zeigen den Stern heller als das Normallicht:

243 6778.354	$15^{\mathrm{m}}.78$	6839.246	$13^{\mathrm{m}}.82$	6840.255	$13^{\mathrm{m}}.56$
6789.362	13.79	.288	13.47	.301	13.61
6817.284	12.94	.330	13.50	.410	13.63
		.374	13.55		
		.416	13.62		

Der Stern hat offenbar einen lebhaften Lichtwechsel mit relativ kurzen Stillständen im schwachen Licht.

S 6750 Mic RR Lyrae-Stern; $12^{\mathrm{m}}.7$—$13^{\mathrm{m}}.3$

$M = 243\,6778.353 + 0.67696 \cdot E$

$M—m = 0^{\mathrm{d}}.07$ Typus RRa

Max.	E	$B—R$
243 6778.354	0	+0.001
6807.460	43	—0.002
6839.280	90	+0.001

Trotz der dürftigen Grundlagen ist die Formel wahrscheinlich richtig, da sich eine sehr gute Lichtkurve ergibt.

S 6751 Ind RR Lyrae-Art; $12^{\mathrm{m}}.5$—$14^{\mathrm{m}}.1$

$M = 243\,6807.304 + 0.58451 \cdot E$

$M—m = 0^{\mathrm{d}}.09$ Typus RRa

Max.	E	$B—R$
243 6807.300*	0	—0.004
6808.476*	2	+0.003
6817.284	17	+0.043
6839.452	55	0.000

S 6752 Mic RR Lyrae-Stern; $13^{\mathrm{m}}.8$—$15^{\mathrm{m}}.2$

$M = 243\,6807.417 + 0.4805 \cdot E$

$M—m = 0^{\mathrm{d}}.06$ Typus RRa

Es sind nur 2 gute Maxima beobachtet: 243 6807.420 und 6808.375. Die Periode wurde mit Rücksicht auf die Beobachtungen außerhalb des größten Lichtes angenommen und ist unsicher, obgleich sie die insgesamt 23 Beobachtungen gut darstellt.

S 6753 Mic Bedeckungsstern; $13^m.4$—$14^m.0$

Es sind 6 Schwächungen beobachtet: 243 6731.529, 6781.358, 6805.277, 6807.360, 6817.284, 6840.301. Es gelang jedoch nicht, die wahrscheinlich bei $0^d.4$ liegende Periode genauer zu bestimmen. Der Stern gehört dem β Lyr- oder dem W UMa-Typus an. Ein Versuch mit $P = 0.43336$ konnte nicht überzeugen.

S 6754 Mic RR Lyrae-Art; $12^m.4$—$13^m.6$

$M = 243\,6808.468 + 0.672435 \cdot E$

$M—m = 0^d.11$ Typus RRa

Max.	E	$B—R$
243 6808.468*	0	0.000
6833.329	37	—0.019
6839.400*	46	0.000

Wegen der geringen Anzahl der Maxima und der kurzen Zwischenzeit ist der Periodenwert unsicher, die Lösung aber wahrscheinlich richtig, da sich eine gute Lichtkurve ergibt, die auch die zurückliegenden Beobachtungen darstellt.

S 6755 Mic RR Lyrae-Stern; $15^m.2$—$15^m.8$

$M = 243\,6789.394 + 0.255436 \cdot E$

$M—m = 0^d.08$: Typus RRb

Max.	E	$B—R$
243 6789.362	0	—0.032
6805.277	62	+0.046
6807.262	70	—0.013
6808.324	74	+0.028
6833.329	172	0.000

Der Fall ist schwierig, jedoch wahrscheinlich grundsätzlich richtig gelöst.

S 5111 Mic β Lyrae-Stern; $11^m.7$—$12^m.6$

$m_1 = 243\,6807.302 + 2.0762 \cdot E$

$A_1 = 0^m.9$ $A_2 = 0^m.7$

Min.	2 E	$B—R$
243 6807.302*	0	0.000
6808.340*	1	0.000
6833.255:	25	0.000

Nur der Umstand, daß die Halbperiode direkt beobachtet ist, läßt eine Bearbeitung zu. Das Minimum $2\,E = 25$ ist nur durch das Ende des Aufstiegs angedeutet. Insgesamt stehen nur 24 Beobachtungen aus 9 Nächten zur Verfügung; sie genügen alle der Formel. Zur Annahme von β Lyrae-Lichtwechsel veranlassen die etwas verschiedene Tiefe und die relativ große Breite der beiden gut beobachteten Minima.

S 6756 Mic RR Lyrae-Stern; $14^m_.5$—$15^m_.1$

Es sind nur 3 Maxima beobachtet. Mit Einbeziehung der Reihen, die den Stern schwach oder im Abstieg zeigen, kann versuchsweise die Formel $M = 243\,6728.485 + 0.64308 \cdot E$ angenommen werden. Die beiden anderen Maxima sind 6833.329 und 6840.380.

S 6757 Mic Unregelmäßig? $12^m_.2$—$12^m_.5$

Die Beobachtungen erlauben keine Entscheidung dieses schwierigen Falles. Kurzperiodischer Lichtwechsel liegt bestimmt nicht vor. Die wahrscheinlichste Deutung ist, daß aus einem schwachen Normallicht regellose geringe Erhellungen stattfinden. Die Farbe des Sterns ist nicht auffällig; er dürfte etwas blauer sein als das Mittel der Sterne der Umgebung.

S 6758 Mic RR Lyrae-Stern; $15^m_.0$—$15^m_.4$
$M = 243\,6729.523 + 0.41247 \cdot E$
$M—m = 0^d_.19$ Typus RRc

Es liegen nur 4 Maxima vor: 243 6729.523, 6789.362, 6807.480, 6839.240. Die aus den Reihenbeobachtungen abgeleitete Formel kann demnach nur einen Versuch darstellen, indessen dürfte sicher sein, daß es sich um einen RRc-Stern handelt.

S 6759 Ind RR Lyrae-Art; $14^m_.1$—$15^m_.7$
$M = 243\,6724.429 + 0.473024 \cdot E$
$M—m = 0^d_.060$ Typus RRa

Max.	E	$B—R$
243 6724.471:	0	+0.042
6731.529	15	+0.005
6732.466	17	—0.004
6778.354	114	0.000
6807.196	175	—0.012
6839.374*	243	0.000
6840.334	245	+0.014

S 6760 Mic RR Lyrae-Art; $13^m_.2$—$14^m_.1$
$M = 243\,6728.465 + 0.540097 \cdot E$
$M—m = 0^d_.065$ Typus RRa

Max.	E	$B—R$
243 6728.475	0	+0.010
6729.523:	2	—0.022
6781.358:	98	—0.037
6807.325*	146	+0.006
6808.395	148	—0.004
6839.195	205	+0.010
6840.255	207	—0.010

S 6761 Mic Bedeckungsstern? $14^{m}.8$—$15^{m}.5$

Es sind nur 2 tiefe Minima beobachtet: 243 6728.475 $15^{m}.5$, 6781.358 $15^{m}.4$. Im Normallicht sind Schwankungen angedeutet, so daß es sich um einen β Lyrae-Stern handeln könnte.

S 6762 Mic RR Lyrae-Art; $12^{m}.8$—$13^{m}.9$

$M = 243\,6731.537 + 0.458595 \cdot E$

$M-m = 0^{d}.105$ Typus RRa

Max.	E	$B-R$
243 6731.529	0	—0.008
6778.354	102	+0.040
6807.205	165	0.000
6817.284	187	—0.010
6818.287:	189	+0.076
6833.329	222	—0.016
6839.307*	235	0.000
6840.232	237	+0.008

S 6763 Mic RR Lyrae-Stern; $11^{m}.7$—$12^{m}.5$

$M = 243\,6728.471 + 0.342707 \cdot E$

$M-m = 0^{d}.12$ Typus RRb

Max.	E	$B-R$
243 6728.475	0	+0.004
6729.523	3	+0.024
6731.529	9	—0.026
6807.293*	230	—0.001
6808.330*	233	+0.008
6839.148	323	—0.017
6840.192	326	—0.001

Trotz der guten Darstellung bestehen einige Zweifel an der Exaktheit der Periode, die aus der Epochenzählung über die beiden größeren Intervalle erwachsen. Die Kennzeichnung des Sterns dürfte jedoch grundsätzlich richtig sein.

S 6764 Ind RR Lyrae-Art; $11^{m}.8$—$13^{m}.2$

$M = 243\,6678.595 + 0.615986\ E$

$M-m = 0^{d}.185$ Typus RRb

Max.	E	$B-R$
243 6678.611	0	+0.016
6728.475	81	—0.015
6731.529:	86	—0.041
6807.336*	209	0.000
6839.410	261	+0.043

Die Maxima sind relativ lang.

S 6765 Mic RR Lyrae-Art; $12^m\!.6$—$13^m\!.8$

$M = 243\,6728.469 + 0.473644 \cdot E$

$M—m = 0^d\!.095$ Typus RRa

Max.	E	$B—R$
243 6728.475	0	+0.006
6808.500	169	—0.015
6839.302*	234	0.000
6840.255	236	+0.006

Trotz der geringen Anzahl der Maxima ergibt sich eine einwandfreie Lichtkurve.

S 6766 Ind Algolstern; $13^m\!.5$—$14^m\!.7$

Außer auf 1 Platte ist der Stern immer im Normallicht beobachtet. Das Minimum ist 243 6732.466 $14^m\!.72$.

S 6767 Ind RR Lyrae-Art; $14^m\!.2$—$14^m\!.8$

$M = 243\,6729.501 + 0.295504 \cdot E$

$M—m = 0^d\!.11$ Typus RRb, c

Max.	E	$B—R$
243 6729.523	0	+0.022
6731.529	7	—0.041
6732.466	10	+0.010
6807.223	263	+0.004
6808.403	267	+0.002
6817.258:	297	—0.008
6839.455:	372	+0.023
6840.301	375	—0.014

S 6768 Mic Mittellange Periode; $14^m\!.3$—$15^m\!.4$

Die Beobachtungen zeigen regelmäßigen Verlauf der Helligkeit mit Maxima bei 243 6731 $14^m\!.3$ und 6819 $14^m\!.5$, Minimum bei 6781 $15^m\!.4$. Sie werden dargestellt durch die Formel

$$M = 243\,6731 + 88 \cdot E \quad M—m = 39^d.$$

Falls es sich um einen normalen halbregelmäßigen Stern handelt und man die interstellare Absorption zu $0^m\!.5$ annimmt, würde sich ein Entfernungsmodul von 16^m, bei Annahme von RV Tauri-Art von 17^m ergeben, und der Stern gehörte zum galaktischen Halo. Es besteht daher der Verdacht, daß der Veränderliche ein Stern geringer Leuchtkraft ist. Die für diese Gegend vorliegenden Filterplatten ergeben einen positiven Farbenindex; das Spektrum könnte etwa G5 sein. Der Stern wäre daher vielleicht noch dem UV Bootis-Typus zuzurechnen, dessen spektrale Streubreite noch ganz unbekannt ist.

S 6769 Mic RR Lyrae-Stern; $15^m_.3$—$15^m_.9$

$M = 243\,6818.291 + 0.53693 \cdot E$

M—$m = 0^d_.175$ Typus RRb

Max.	E	B—R
243 6818.287	0	—0.005
6839.246	39	+0.014
6840.301	41	—0.005

Die Periode ist unter Benutzung weiterer Beobachtungen bestimmt, die den Stern wenig unter Maximalhelligkeit zeigen, ist jedoch wenig sicher, wenn auch wohl grundsätzlich richtig, da sie eine einwandfreie Lichtkurve ergibt.

S 6770 Ind RR Lyrae-Stern; $13^m_.1$—$14^m_.1$

Es sind nur 2 einigermaßen verläßliche Maxima beobachtet: 243 6731.529 und 6808.385. Ein Versuch, die Periode mittels der Reihen und einiger Beobachtungen im Auf- und Abstieg zu bestimmen, ergab, daß die Periode sehr wahrscheinlich nahe bei $0^d_.64$ liegt.

S 6771 Ind RR Lyrae-Stern; $14^m_.9$—$16^m_.4$

Die Platten ergaben 3 Maxima: 243 6789.362, 6833.329, 6839.210. Daneben sind einige Beobachtungen vorhanden, deren Helligkeiten etwa $0^m_.5$ unter der Maximalgröße liegen. Versuche mit den Perioden 0.59357 und 0.41886 ergaben gute Darstellung, jedoch Unstimmigkeiten in der Lichtkurve.

S 6772 Mic RW Aurigae-ähnlich; $13^m_.5$—$14^m_.6$

Die weitaus meisten Beobachtungen zeigen den Stern zwischen $13^m_.8$ und $14^m_.1$; auch auf den Reihenplatten liegen alle Helligkeiten in diesen Grenzen. Nur je 1 Platte zeigt die Größen $13^m_.5$, $13^m_.7$, $14^m_.2$, $14^m_.6$. Insgesamt standen 31 Platten zur Verfügung.

S 6773 Mic W Ursae majoris-Stern; $11^m_.9$—$12^m_.35$

$m_1 = 243\,6724.251 + 0.440964 \cdot E$

$A_1 = A_2 = 0^m_.45$

Min.	$2\,E$	B—R
243 6724.271	0	+0.020
6729.523	24	—0.020
6731.529	33	+0.002
6781.358	259	+0.002
6807.379	377	+0.006
6808.450	382	—0.025
6817.284	422	—0.010
6839.343	522	0.000
6840.230:	526	+0.005
6840.445:	527	0.000

S 6774 Mic

RR Lyrae-Stern; $14^m_.2$—$14^m_.9$
$M = 243\ 6732.468 + 0.550036 \cdot E$
$M—m = 0^d_.15$ Typus RRb

Max.	E	$B—R$
243 6732.466	0	—0.002
6807.268	136	—0.005
6808.375	138	+0.002
6818.287	156	+0.013
6839.180	194	+0.005
6840.268	196	—0.007

S 6775 Mic

RR Lyrae-Stern; $12^m_.8$—$13^m_.4$
$M = 243\ 6807.248 + 0.35620 \cdot E$
$M—m = 0^d_.07$ Typus RRa,b

Max.	E	$B—R$
243 6807.249	0	+0.001
6808.324	3	+0.007
6818.287	31	—0.003
6839.300	90	—0.006
6840.410	93	+0.035

S 6776 Mic

RR Lyrae-Art; $13^m_.3$—$14^m_.3$
$M = 243\ 6731.516 + 0.573368 \cdot E$
$M—m = 0^d_.075$ Typus RRa

Max.	E	$B—R$
243 6731.529	0	+0.013
6781.358:	87	—0.041
6807.226	132	+0.025
6808.348*	134	+0.001
6839.315*	188	+0.006
6840.448	190	—0.008

S 6777 Ind

RR Lyrae-Art; $14^m_.2$—$14^m_.9$
$M = 243\ 6731.535 + 0.362853 \cdot E$
$M—m = 0^d_.11$ Typus RRb

Max.	E	$B—R$
243 6731.529	0	—0.006
6778.354:	129	+0.011
6807.345*	209	—0.026
6808.466*	212	+0.006
6810.287	217	+0.013
6818.287:	239	+0.030
6839.296*	297	—0.006
6840.410	300	+0.019

S 6778 Ind

RR Lyrae-Stern; $14^{m}_{.}1$—$14^{m}_{.}9$
$M = 243\,6678.611 + 0.354792 \cdot E$
M—$m = 0^{d}_{.}16$ Typus RRc

Max.	E	B—R
243 6678.611	0	0.000
6732.466	152	—0.073
6789.362:	312	+0.056
6805.277	357	+0.005
6807.398*	363	—0.002
6808.475*	366	+0.010
6833.329	436	+0.029
6839.305*	453	—0.027
6840.396	456	0.000

Die Abweichungen bei $E = 152$ und 312 scheinen unbedenklich, da die Lichtkurve für die Richtigkeit der Periode spricht.

S 6779 Mic

RR Lyrae-Stern; $14^{m}_{.}3$—$15^{m}_{.}2$
$M = 243\,6728.463 + 0.47435 \cdot E$
M—$m = 0^{d}_{.}05$ Typus RRa

Max.	E	B—R
243 6728.475	0	+0.012
6778.250	120	—0.020
6807.200:	190	—0.005
6833.329	253	+0.035
6840.410	270	0.000

S 6780 Ind

RR Lyrae-Art; $15^{m}_{.}9$—$17^{m}_{.}1$
$M = 243\,6778.328 + 0.443336 \cdot E$
M—$m = 0^{d}_{.}09$ Typus RRa

Max.	E	B—R
243 6778.354	0	+0.026
6808.452*	68	—0.023
6833.290:	124	—0.012
6840.410	140	+0.015

Die Periode dieses schwachen Sterns ist wohl grundsätzlich richtig, aber noch ungenau.

S 6781 Ind RW Aurigae-Stern; $14^{m}_{.}4$—$16^{m}_{.}1$

Mit der Formel $M = 243\,6732.458 + 0.230665 \cdot E$ ergab sich eine überraschend gute Darstellung der Maxima mit der einzigen Ausnahme der Epoche $E = 437$, zu welcher der Stern einwandfrei hell war.

Max.	E	B—R
243 6732.466	0	+0.008
6778.354	199	—0.006
6781.358	212	—0.001
6807.420	325	—0.004
6808.340	329	—0.007
6818.287	372	+0.022
6833.329	437	+0.070
6839.255	463	—0.001
6840.410	468	+0.001

Jedoch sprechen einige weitere Umstände gegen RR Lyrae-Art, und zwar die große Amplitude, zwei geringe Unregelmäßigkeiten im Abstieg auf Reihen, die sehr spitze Form des Minimums 6807.290, das viel schärfer ist als die für den raschen Lichtwechsel zu flachen Maxima, und endlich der Umstand, daß die Formel keine regelmäßige mittlere Lichtkurve ergab. Der Stern ist daher mit großer Wahrscheinlichkeit dem RW Aurigae-Typus zuzuzählen.

S 6782 Mic

RR Lyrae-Stern; $13^{m}.9$—$14^{m}.4$
$M = 243\,6728.490 + 0.484242 \cdot E$
$M—m = 0^{d}.16$ Typus RRb

Max.	E	B—R
243 6728.475	0	—0.015
6729.523	2	+0.065
6778.354	103	—0.013
6807.385	163	—0.036
6808.345	165	—0.045
6810.287	169	—0.040
6839.374	229	—0.007
6840.360	231	+0.010

S 6783 Mic

RR Lyrae-Stern; $13^{m}.4$—$14^{m}.5$
$M = 243\,6724.461 + 0.57908 \cdot E$
$M—m = 0^{d}.12$ Typus RRa,b

Max.	E	B—R
243 6724.471	0	+0.010
6728.475	7	—0.040
6778.354	93	+0.039
6789.362	112	+0.044
6807.249*	143	—0.020
6808.435	145	+0.007
6818.287*	162	+0.015
6833.328*	188	0.000
6840.270	200	—0.007

S 6784 Ind RR Lyrae-Art; $15^m_{\cdot}2$—$15^m_{\cdot}9$
$M = 243\,6728.452 + 0.576572 \cdot E$
$M—m = 0^d_{\cdot}22$ Typus RRb

Max.	E	$B—R$
243 6728.475	0	+0.023
6732.466	7	—0.022
6807.428	137	—0.014
6810.287	142	—0.038
6817.284	154	+0.040
6840.320	194	+0.013

S 6785 Mic Bedeckungsstern; $11^m_{\cdot}7$—$12^m_{\cdot}2$

Es sind nur 2 Minima beobachtet: 243 6805.277 $12^m_{\cdot}20$ und 6818.288 $12^m_{\cdot}09$. Rascher Lichtwechsel ist zu vermuten.

S 6786 Mic RR Lyrae-Stern; $13^m_{\cdot}1$—$14^m_{\cdot}0$
$M = 243\,6732.390 + 0.338120 \cdot E$
$M—m = 0^d_{\cdot}052$ Typus RRa

Max.	E	$B—R$
243 6732.365:	0	—0.025
6778.354*	136	—0.020
6807.477:	222	+0.024
6808.500:	225	+0.033
6817.284	251	+0.026
6818.287	254	+0.015
6839.223	316	—0.013
6840.230	319	—0.020

S 6787 Mic Bedeckungsstern; $12^m_{\cdot}4$—$12^m_{\cdot}8$

Es ist nur 1 Minimum beobachtet: 243 6789.362. Die Reihenplatten zeigen konstante Helligkeit im Normallicht, so daß Algolart anzunehmen ist.

S 6788 Mic Algolstern; $12^m_{\cdot}9$—$14^m_{\cdot}4$

Es sind 2 Minima beobachtet:
243 6781.358 $13^m_{\cdot}9$ Einzelbeobachtung
6808.460 14.4 5 Beobachtungen auf dem Abstieg und im kleinsten Licht.

S 6789 Mic RR Lyrae-Art; $15^m_{\cdot}1$—$16^m_{\cdot}3$
$M = 243\,6808.324 + 0.66252 \cdot E$
$M—m = 0^d_{\cdot}07$: Typus RRa

Max.	E	$B—R$
243 6808.324	0	0.000
6810.287	3	—0.025
6818.287	15	+0.025
6840.125:	48	0.000

S 6790 Mic Langperiodisch; $13^m_.2$—$15^m_.7$

Die angegebenen Grenzgrößen sind beobachtete Werte. Das Maximum liegt wahrscheinlich bei $13^m_.0$, das Minimum bei $16^m_.0$. Das Maximum fällt in eine Beobachtungslücke und ist etwa bei 243 6755 anzunehmen. Die Periode dürfte mindestens 150^d betragen, so daß der Stern dem Miratypus zuzurechnen ist.

S 6791 Mic RR Lyrae-Art; $11^m_.5$—$12^m_.7$

$M = 243\ 6731.480 + 0.449208 \cdot E$

M—$m = 0^d_.09$ Typus RRa

Max.	E	B—R
243 6731.490:	0	+0.010
6781.320:	111	—0.022
6807.400*	169	+0.004
6808.280	171	—0.015
6839.292*	240	+0.002

S 6792 Mic RR Lyrae-Stern; $13^m_.7$—$14^m_.6$

$M = 243\ 6789.356 + 0.54576 \cdot E$

M—$m = 0^d_.08$ Typus RRa

Max.	E	B—R
243 6789.362	0	+0.006
6807.360	33	—0.006
6808.452	35	—0.006
6818.287	53	+0.006

Die Formel wurde an einigen Beobachtungen geprüft, die den Stern auf dem absteigenden Ast zeigen. Die Lichtkurve ist ohne Widersprüche.

S 6793 Mic RR Lyrae-Stern; $12^m_.6$—$13^m_.5$

$M = 243\ 6729.477 + 0.32383 \cdot E$

M—$m = 0^d_.08$ Typus RRb

Max.	E	B—R
243 6729.490	0	+0.013
6778.354	151	—0.021
6789.362	185	—0.024
6808.502	244	+0.010
6839.260	339	+0.005
6840.225	342	—0.002

S 6794 Mic RR Lyrae-Stern; $12^m_.3$—$13^m_.5$

$M = 243\ 6728.485 + 0.48588 \cdot E$

M—$m = 0^d_.105$ Typus RRa

Max.	E	$B—R$
243 6728.475:	0	—0.010
6805.277:	158	+0.023
6807.215	162	+0.017
6839.260*	228	—0.006
6840.235	230	—0.002

S 6795 Mic

RR Lyrae-Art; $13^{m}.9—14^{m}.5$
$M = 243\ 6678.641 + 0.353207 \cdot E$
$M—m = 0^{d}.135$ Typus RRb,c

Max.	E	$B—R$
243 6678.611	0	—0.030
6728.475	141	+0.032
6729.523	144	+0.020
6730.527	147	—0.035
6807.225	364	+0.017
6808.324	367	+0.056
6833.329	438	—0.017
6839.345*	455	—0.005
6840.410	458	0.000

S 6796 Mic

RR Lyrae-Stern; $14^{m}.2—14^{m}.8$
$M = 243\ 6730.547 + 0.461391 \cdot E$
$M—m = 0^{d}.18$ Typus RRb

Max.	E	$B—R$
243 6730.527	0	—0.020
6731.529:	2	+0.059
6732.466:	4	+0.073
6805.277	162	—0.015
6807.590	167	—0.009
6808.510	169	—0.012
6839.460	236	+0.025
6840.360	238	+0.002

Die Epochenzählung ist nicht ganz gesichert.

S 6797 Mic

RR Lyrae-Art; $13^{m}.5—15^{m}.1$
$M = 243\ 6724.430 + 0.671012 \cdot E$
$M—m = 0^{d}.085$ Typus RRa

Max.	E	$B—R$
243 6724.420:	0	—0.010
6728.475	6	+0.019
6732.466	12	—0.016
6808.324*	125	+0.017
6810.287	128	—0.033
6839.170	171	—0.003

S 6798 Mic RR Lyrae-Stern; $13^m_.4$—$14^m_.5$

$M = 243\,6728.470 + 0.324142 \cdot E$

$M—m = 0^d_.07$ Typus RRa,b

Max.	E	$B—R$
243 6728.475	0	+0.005
6805.277	237	—0.015
6807.230*	243	—0.007
6817.284	274	—0.001
6818.275	277	+0.018
6839.330*	342	+0.003
6840.301*	345	+0.002

S 6799 Mic Algolstern; $15^m_.2$—$17^m_.2$

Nur 1 Minimum ist beobachtet: 243 6839.300, 5 Platten.

S 6800 Mic RR Lyrae-Stern; $15^m_.7$—$16^m_.8$

Die Periode konnte nicht bestimmt werden. Die Reihenplatten zeigen den Stern im schwachen Licht. Zwei sichere Maxima sind beobachtet: 243 6805.277, 6833.329.

S 6801 Ind RR Lyrae-Art; $15^m_.1$—$16^m_.2$

Durch Randnähe ist die Beobachtung besonders auf den Reihenplatten erschwert. Folgende Maxima wurden gefunden: 243 6724.471, 6789.362:, 6817.284:, 6839.300.

S 6802 Mic W Ursae majoris-Stern; $13^m_.2$—$13^m_.6$

$m_1 = 243\,6724.479 + 0.38968 \cdot E$

Min.	2 E	$B—R$
243 6724.471	0	—0.008
6730.527	31	+0.008
6781.358	292	—0.014
6807.300	425	+0.014
6807.485	426	+0.004
6808.452	431	—0.003

S 6803 Mic Algolstern; $14^m_.8$—$15^m_.8$

Der Veränderliche ist auf einer einzigen Platte schwach: 243 6729.523. Die Reihen deuten einige Schwächungen um $0^m_.2$ an, deren Realität nicht gesichert ist, obgleich jeweils mehrere Platten dafür sprechen.

S 6804 Mic RR Lyrae-Art; $13^m_.8$—$14^m_.6$

$M = 243\,6724.461 + 0.232034 \cdot E$

$M—m = 0^d_.06$ Typus RRb

Max.	E	$B—R$
243 6724.471	0	+0.010
6807.273	357	—0.024
6808.466	362	+0.009
6810.287	370	—0.027
6833.285:	469	0.000
6839.318	495	0.000
6840.260	499	+0.014

S 6805 Ind Unregelmäßig; $9^m_{\cdot}1$—$9^m_{\cdot}4$

Der gefärbte Stern, HD 201110, Spektrum Mb, zeigt geringen Lichtwechsel mit mäßig langen Wellen. Die Veränderlichkeit wird auch durch Überwachungsplatten aus den Jahren 1952 und 1953 bestätigt; die Amplitude ist jedoch immer klein.

S 6806 Ind RR Lyrae-Art; $13^m_{\cdot}8$—$15^m_{\cdot}3$

$M = 243\,6729.515 + 0.59183 \cdot E$

$M{-}m = 0^d_{\cdot}12$: Typus RRa

Max.	E	$B{-}R$
243 6729.523	0	+0.008
6732.466	5	—0.008
6818.287	150	—0.003
6840.190	187	+0.003

Wegen Randnähe sind die Beobachtungen unsicher.

S 6807 Mic Flare-Stern; $11^m_{\cdot}7$—$16^m_{\cdot}2$

Die einzige beobachtete Erhellung ist durch folgende Reihe erfaßt:

243 6808.324	$11^m_{\cdot}72$
.367	14.34
.410	15.97:
.452	15.91:
.495	[15.73

29 weitere Platten von 16 Tagen zeigen den Stern schwach, anscheinend aber veränderlich zwischen $15^m_{\cdot}6$ und $16^m_{\cdot}2$. Die Maximalhelligkeit kann erheblich größer gewesen sein als der auf der Platte vorgefundene Mittelwert über 1 Stunde. Bemerkenswert ist immerhin, daß der Stern in der darauffolgenden Stunde noch nicht zur Ausgangshelligkeit zurückgekehrt war.

S 6808 Mic RR Lyrae-Art; $14^m_{\cdot}2$—$15^m_{\cdot}7$

$M = 243\,6728.440 + 0.309612 \cdot E$

$M{-}m = 0^d_{\cdot}08$ Typus RRb

Max.	E	$B{-}R$
243 6728.475:	0	+0.035
6807.379*	255	+0.012
6808.305	258	—0.015
6817.284:	287	—0.015
6839.288*	358	+0.007
6840.210	361	0.000

Die Lichtkurve zeigt zu starke Streuung; indessen führte ein Versuch mit $P = 0.46245$, der einzigen anderen Möglichkeit, zu nicht zu beseitigenden Widersprüchen.

S 6809 Mic RR Lyrae-Stern; $15^m.5$—$16^m.6$

Die 3 sicher bestimmten Maxima 243 6731.529, 6808.453, 6839.300 erlauben keine Ermittlung der Periode. Typus wahrscheinlich RRa.

S 6810 Mic RR Lyrae-Stern; $12^m.2$—$13^m.5$

$M = 243\,6678.629 + 0.326368 \cdot E$

$M—m = 0^d.05$ Typus RRa

Max.	E	$B—R$
243 6678.611	0	—0.018
6729.523	156	—0.019
6730.527*	159	+0.005
6731.529	162	+0.028
6732.466	165	—0.014
6807.220	394	+0.002
6818.287	428	—0.028
6833.329	474	+0.002
6839.220	492	+0.018
6840.165	495	—0.016

S 6811 Mic RR Lyrae-Art; $14^m.4$—$15^m.6$

$M = 243\,6789.344 + 0.639462 \cdot E$

$M—m = 0^d.095$ Typus RRa

Max.	E	$B—R$
243 6789.362	0	+0.018
6807.240	28	—0.009
6808.500	30	—0.028
6839.240	78	+0.018

S 6812 Mic RR Lyrae-Art; $14^m.7$—$15^m.4$

$M = 243\,6728.475 + 0.46543 \cdot E$

$M—m = 0^d.21$ Typus RRc

Max.	E	$B—R$
243 6728.475	0	0.000
6807.190	169	+0.057
6818.287	193	—0.016
6839.246	238	—0.001

Die Lichtkurve zeigt starke Streuung, jedoch keine groben Widersprüche. Wegen unzureichender Grundlagen ist das Ergebnis unsicher.

S 6813 Mic RR Lyrae-Art; $15^m.6$—$16^m.7$

Die wenigen Beobachtungen erlauben keine weiteren Ermittlungen.

S 6814 Mic RR Lyrae-Art; $15^m.2$—$16^m.3$

10 Platten ergeben 2 Maxima: 243 6729.523, 6732.466:.

S 6815 Ind RR Lyrae-Art; $14^m.2$—$14^m.8$

Die Reihenbeobachtungen werden dargestellt durch die Formel

$$M = 243\,6807.335 + 0.4332 \cdot E\,,$$

womit sich auch eine brauchbare Lichtkurve ergibt. Jedoch gelang es nicht, den früheren Beobachtungen zu genügen. Alle beobachteten Maxima sind unsicher. Der Untertypus ist RRc.

S 6816 Ind Algolstern? $16^m.4$—$16^m.9$

Der Stern ist auf einer von 10 Platten geschwächt: 243 6724.471.

S 6817 Ind Bedeckungsstern? $16^m.4$—$16^m.7$

Da nur 10 Beobachtungen zur Verfügung stehen, ist keine sichere Angabe möglich. Einige Wahrscheinlichkeit besteht, daß rascher Bedeckungslichtwechsel vorliegt, doch ist die Veränderlichkeit selbst nicht ganz sicher.

S 6818 Mic RR Lyrae-Art; $13^m.8$—$14^m.8$
$M = 243\,6724.437 + 0.38153 \cdot E$
$M—m = 0^d.06$: Typus RRa

Max.	E	$B—R$
243 6724.471	0	+0.034
6730.527	16	—0.014
6810.287	225	+0.006
6818.287	246	—0.006

S 6819 Ind RR Lyrae-Art; $14^m.2$—$14^m.9$
$M = 243\,6724.471 + 0.57205 \cdot E$
$M—m = 0^d.08$: Typus RRa

Max.	E	$B—R$
243 6724.471:	0	0.000
6728.475	7	0.000
6732.466	14	—0.013
6810.287	150	+0.009
6818.287	164	0.000

S 6820 Mic Langperiodisch? $13^m.2$—$14^m.5$

Es liegen nur 10 Beobachtungen vor, die den Stern um 243 6730 hell, um 6810 schwach zeigen. Geringe Änderungen im Maximum von Tag zu Tag sind nicht gesichert.

S 6821 Mic Langsam veränderlich; $11^m.5$—$12^m.1$

Relativ zu den Vergleichsternen ist der Veränderliche auf panchromatischen Platten um $0^m.6$ heller als auf Blauplatten. Er steht außerhalb des normalen Feldes, konnte wegen seiner Helligkeit jedoch auf 120 Überwachungsplatten zwischen 243 4233 und 4573 beobachtet werden. Der Lichtwechsel dürfte durch Wellen von 30 bis 100 Tagen Länge ohne Regelmäßigkeit gekennzeichnet sein. An einigen Stellen sind raschere Änderungen angedeutet, deren Realität zweifelhaft ist.

S 6822 Mic Kurzperiodisch; $13^m.7$—$15^m.0$

Es stehen nur 3 Beobachtungen zur Verfügung. Im Falle von RR Lyrae-Lichtwechsel ist ein Maximum beobachtet: 243 6730.527.

S 6823 Mic Kurzperiodisch; $15^m.1$—$15^m.7$

Auf 6 Platten ist der Stern dreimal hell, zweimal schwach, einmal in mittlerer Größe, so daß sowohl Bedeckungs- als auch RR Lyrae-Lichtwechsel vorliegen kann.

VERÖFFENTLICHUNGEN DER STERNWARTE BABELSBERG
DER DEUTSCHEN AKADEMIE DER WISSENSCHAFTEN
ZU BERLIN

Band XIII

Heft 1 HORST SCHMIDT: **Photographische Photometrie von Sternspektren mit dem Interferenzmikroskop**
1960. 48 Seiten — 56 Abbildungen — 10 Tabellen — 4° — DM 17,50 (vergriffen)

Heft 2 **Mikrometermessungen von Doppelsternen in den Jahren 1956—1958**
Bearbeitet von HORST PAUSCHER
1959. IV, 23 Seiten — 4° — DM 4,90 (vergriffen)

Heft 3 PETER NOTNI / HANS OLEAK: **Die Bewegung eines rotierenden zylinderförmigen Satelliten in der Atmosphäre**
Nachruck der ersten Auflage. 1960. 30 Seiten — 5 Abbildungen — 4° — DM 3,80

Heft 4 PETER NOTNI / HANS OLEAK: **Die Rotation der Trägerrakete von Sputnik III (1958 δ_1)**
Nachdruck der ersten Auflage. 1960. 26 Seiten — 4 Abbildungen — 5 Tabellen — 4° — DM 3,40

Heft 5 PETER NOTNI / HANS OLEAK: **Die Bewegung eines rotierenden zylinderförmigen Satelliten in der Atmosphäre. Teil II**
1960. 45 Seiten — 8 Abbildungen — 4° — DM 5,20

Heft 6 HANS-JOACHIM FELBER: **Die Bewegungsverhältnisse im Neptunsystem**
1960. 79 Seiten — 3 Abbildungen auf 3 Falttafeln — 4° — DM 10,80

Heft 7 JULIUS DICK: **Mikrometermessungen von Eros während der Opposition 1937—1938.** 1961. 84 Seiten — 4 Seiten Bandtitel — 32 Seiten Tabellen — 4° — DM 16,50

Band XIV

Heft 1 **Mikrometermessungen von Doppelsternen in den Jahren 1916—1939**
1. Teil: Physische Systeme
Bearbeitet von KARL HEINRICH HINTZE
1962. III, 88 Seiten — 4° — DM 12,—

Heft 2 **Mikrometermessungen von Doppelsternen in den Jahren 1916—1939**
2. Teil: Reststerne
Bearbeitet von KARL HEINRICH HINTZE
1962. IV, 32 Seiten — 4° — DM 5,70

Heft 3 **Mikrometermessungen von Doppelsternen in den Jahren 1916—1939**
3. Teil: Optische Systeme
Bearbeitet von KARL HEINRICH HINTZE
1963. 35 Seiten — 4° — DM 5,80

Heft 4 **Mikrometermessungen von Doppelsternen in den Jahren 1959—1961**
Bearbeitet von KARL HEINRICH HINTZE
In Vorbereitung

Die Bände dieser Reihe erscheinen in unregelmäßiger Folge.
Wir empfehlen Fortsetzungsbestellung bei Ihrer Buchhandlung

A K A D E M I E - V E R L A G · B E R L I N

FSC
www.fsc.org
MIX
Papier | Fördert gute Waldnutzung
FSC® C083411

Zeitfracht Medien GmbH
Ferdinand-Jühlke-Straße 7
99095 Erfurt, Deutschland
produktsicherheit@kolibri360.de